石榴花下听啼莺

荷叶五寸荷花娇

洁身碧野布云霞

讲给孩子的
四季故事
夏

刘兴诗 / 文　白鳍豚文化 / 绘

長江出版傳媒 | 长江少年儿童出版社

鄂新登字 04 号
图书在版编目（CIP）数据
讲给孩子的四季故事．夏 / 刘兴诗著 ; 白鳍豚文化绘．— 武汉 : 长江少年儿童出版社，2020.6
ISBN 978-7-5721-0469-5
Ⅰ．①讲… Ⅱ．①刘… ②白… Ⅲ．①夏季－青少年读物 Ⅳ．①P193-49
中国版本图书馆 CIP 数据核字（2020）第 053176 号

讲给孩子的四季故事·夏

刘兴诗 / 文 白鳍豚文化 / 绘
出品人：何龙
策划：胡星 责任编辑：胡星 郭心怡 营销编辑：唐靓
美术设计：白鳍豚童书工作室 彭瑾 徐晟 杨鑫 插图绘制：白鳍豚童书工作室 胡思琪 徐明晶 赵聪
卷首语：崔艺潇
出版发行：长江少年儿童出版社
网址：www.cjcpg.com 邮箱：cjcpg_cp@163.com
印刷：湖北新华印务有限公司 经销：新华书店湖北发行所
开本：16 开 印张：2.75 规格：889 毫米 ×1194 毫米 印数：10001-16000 册
印次：2020 年 6 月第 1 版，2021 年 1 月第 2 次印刷 书号：ISBN 978-7-5721-0469-5
定价：32.00 元

夏天，

是一首轻快的歌谣，
唱响了点点繁星与欢笑。

温柔的夜晚，孩子们七嘴八舌说着星空的故事，
那天真无瑕的笑脸比星光还要璀璨。

翌日，被阳光唤出的红蜻蜓立在小荷尖角，
扇动着晶莹剔透的翅膀，勾勒出盛夏的梦。

不远处的花园里，草叶上的露珠将春天的记忆悉心收藏。
蝴蝶精灵们时而翩翩起舞，时而躲在盛夏深深浅浅的绿色褶皱下乘凉。

黄昏时分，郁郁葱葱的白杨树下，
孩子们捧起一个大西瓜，轻轻一拍，开启了整个夏天的甜蜜。

5月的节日

5月1日　国际劳动节

5月4日　五四青年节（五四运动纪念日）

5月6日　立夏（这日前后）

5月8日　世界微笑日

5月第二个星期日　母亲节

5月12日　国际护士节

5月18日　国际博物馆日

5月21日　小满（这日前后）

5月22日　国际生物多样性日

5月31日　世界无烟日

夏天来了，夏妹妹给大地一个热乎乎的吻。她跳跳蹦蹦走过来，向大自然问好，又轻轻嘘一口气，让四处暖洋洋。

夏天里，烈日高高照，天地亮堂堂，一片喜洋洋。这时候也是果实成熟的季节。你看，樱桃红了，芭蕉绿了，甜滋滋的大西瓜，好看的石榴花，谁不喜欢呀！

欢迎你，热情的夏天。欢迎你，热心的夏妹妹。

5月

关于 5 月

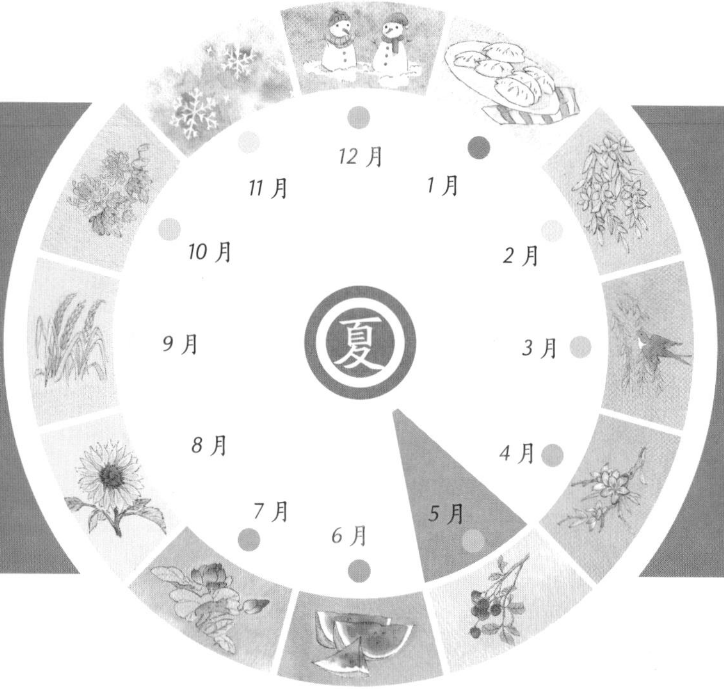

5 月是北半球夏季的第一个月，公历年中的第五个月，属于大月，共有 31 天。5 月有立夏和小满两个节气，是万物生长、生机盎然的时节。这时候，日照时间逐渐变长，气温明显升高，雷雨也多了起来。如果说春是“生”的季节，夏就是“长”的季节，所有的生命都加快了生长的步伐，焕发出勃勃的生机，变得更加成熟。此时全国各地陆续入夏，农业生产进入繁忙季节。

『地球公转与气候变化』

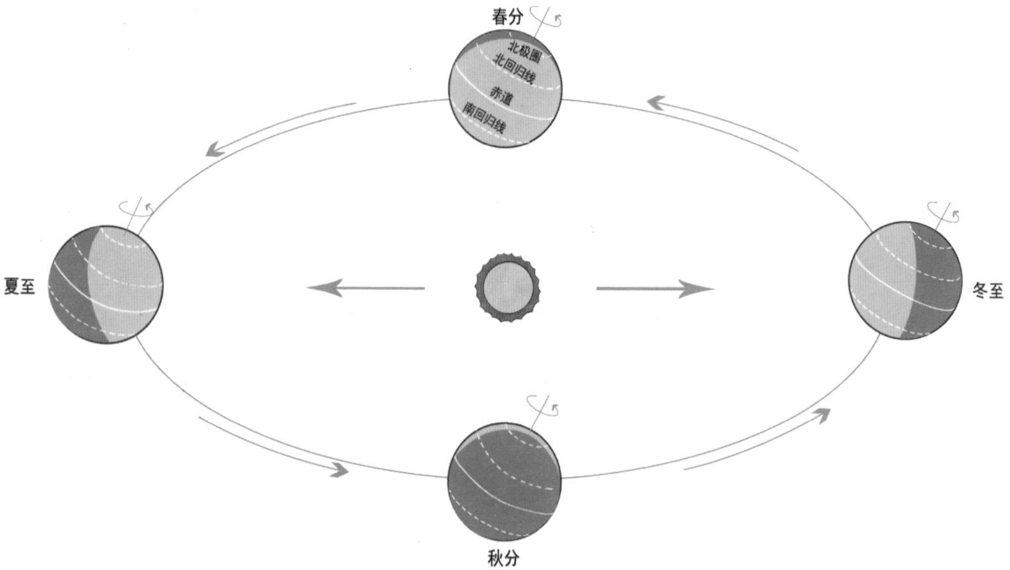

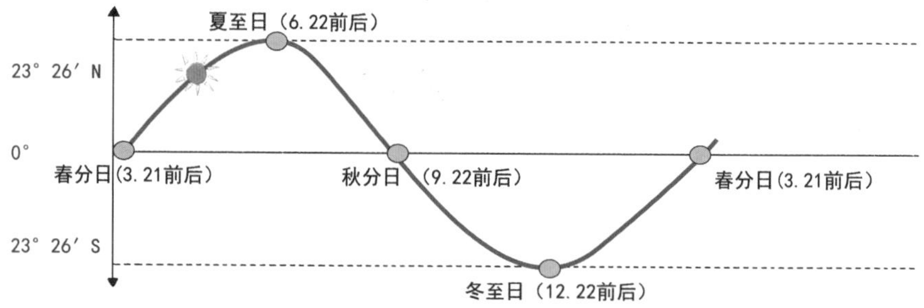

5 月被叫作初夏。立夏标志着中国传统的夏季开始，这一天太阳运行到黄经 45°，天气也要慢慢热起来了。小满时节，太阳则运行到黄经 60°，降雨逐渐增多，雨量增大，我国南方的部分地区进入大幅降水的雨季。

『诗词赏析』

初夏，像展露笑颜的小孩，既温暖又羞涩，洋溢着热情的期待。这时，暑热日盛，雨水也渐渐多了。湿热的天气使人感到胸闷、烦渴，再加上白昼的时间越来越长，闲暇的时光仿佛更长了。

初夏时节有哪些独特的景象？来看看宋代大诗人杨万里是怎么说的吧。

闲居初夏午睡起（其一）

梅子留酸软齿牙，
芭蕉分绿与窗纱。
日长睡起无情思，
闲看儿童捉柳花。

初夏是梅子成熟的时节，吃下一口，余酸在牙间逗留，让人回味无穷。抬头看向窗外，芭蕉的绿色映照在纱窗上，既朦胧又幽静，好像多了几分凉爽。

夏天到了，白日漫长，有时会觉得无事可做。睡了长长的一觉醒来，孩子正追着柳絮玩耍，发出银铃般的笑声，多么欢乐呀！那些飘扬的柳絮，也好像借着风和孩子们捉迷藏呢！

『谚语』

上午立了夏，下午把扇拿

立夏前后，日平均气温达到22℃以上，炎热的夏天很快就要到来了。

立夏鹅毛住，小满雀来全

立夏后，风就渐渐变小了，连鹅毛这样的轻盈之物也不会飞起来了；到了小满，迁徙的候鸟也回到了北方。

小满前后，种瓜种豆

小满前后，气温回升快，雨水增多，是种瓜种豆的最好时间。

植物笔记

『花生』

“麻房子，红帐子，里面住着个白胖子。”5 月是花生种植和生长的好时候。一株花生苗下藏着许多个荚果，每个荚果都紧紧拥抱着土壤，经过 5 个周期 100 多天才成熟。花生适合在气候温暖、雨量适中的沙质土地区生长。剥开外壳，吃下一粒花生米，香香脆脆，回味无穷。

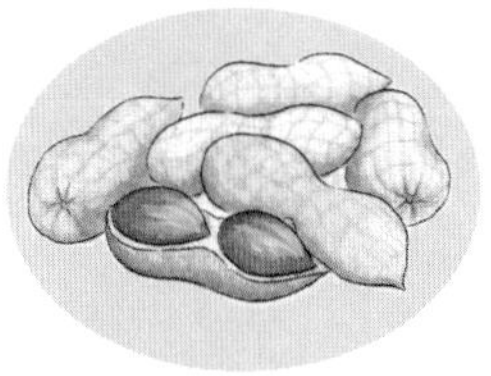

别　　名：落花生、长生果

分　　类：豆科。一年生草本

分布区域：主要分布在亚洲、非洲和美洲

应用价值：多用于油脂工业和食品工业

分　　类：罂粟科。一年生草本

植株高度：通常在 25 ~ 90 厘米

花 果 期：一般在 3-8 月

应用价值：可供观赏及药用

『虞美人』

初夏，娇艳的虞美人开放了。它的叶子呈分裂状，茎很软，没有风时也会轻轻摇晃。火红的虞美人花海，像落霞在燃烧，好看极了。传说中，它是美人虞姬的化身。相传秦朝末年，楚汉相争，西楚霸王项羽兵败垓下，虞姬向他起舞告别后拔剑自刎，化身成虞美人花，仿佛还像从前一样翩翩起舞呢。

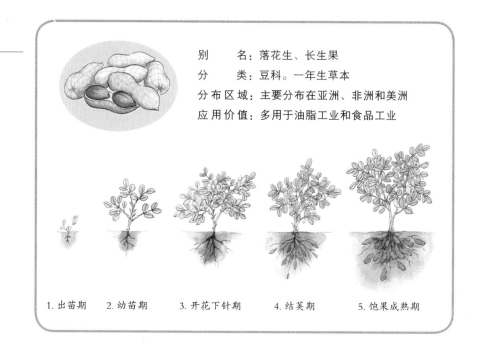

动物笔记

『青蛙』

说到青蛙，一般指的是黑斑蛙。它们可是夏夜里的明星。它们穿着绿色的外衣，睁着圆溜溜的大眼睛，在池塘和稻田里放声歌唱，那雪白的肚皮一鼓一鼓的，仿佛在打节拍呢。其实，那件绿色的外衣是青蛙的“隐形衣”，方便它们躲在水边的草丛中捕捉害虫。据说，一只青蛙一天可捕食 70 个虫子，一年可捕 15000 只害虫。每到秋冬天冷的时候，青蛙们会蛰伏冬眠，等到第二年春天再回到水中繁殖。青蛙是农民伯伯的好朋友，我们要好好保护它。

分　　类：无尾目，蛙科。两栖动物
幼体形态：蝌蚪
分布区域：多分布在世界各大洲的水域、湿地等地区（南极洲除外）
繁殖特点：卵生。一般在春季繁殖

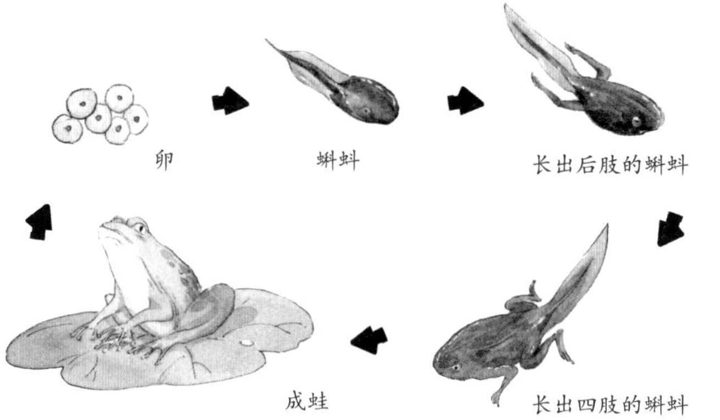

『蚕』

白白嫩嫩的蚕宝宝真可爱。咦，它身上怎么有小黑点？原来那是它呼吸的通道。蚕宝宝没日没夜地吃桑叶，吃饱了就睡大觉，等脱掉几层皮后才能变成熟蚕。你看，它在吐白丝，正要建一座茧房子呢！奇怪，蚕宝宝怎么几天后就不见了？原来，它变成了深褐色的蛹，又过了十几天，居然变成了飞蛾！真奇妙啊！

分　　类：昆虫纲，鳞翅目，蚕蛾科和大蚕蛾科
分布区域：主要分布在温带、亚热带和热带地区
成长阶段：通常经过蚕卵、蚁蚕、熟蚕、蚕茧、蚕蛾 5 个阶段
应用价值：吐出的茧丝可作为纤维资源等经济用途

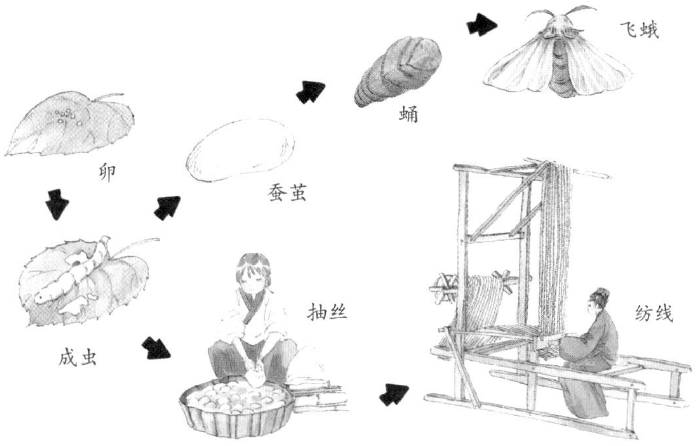

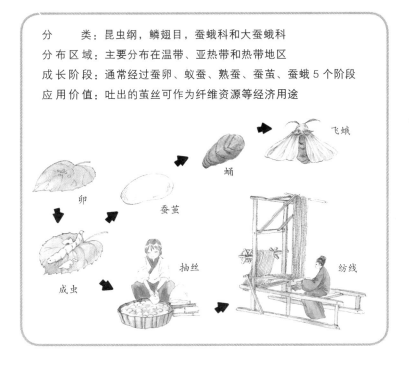

天气·习俗·节日

干热风

初夏时节，我国的一些地区常出现一种高热、低湿并伴有一定风力的农业灾害性天气，叫作干热风。这种农业气象灾害可让需要水分的小麦、棉花和瓜果遭了殃。为了保护农作物，我们要多种树，以保持土壤水分，同时做好农田水利建设，或者给农作物喷洒专门的化学“药品”，帮助它们渡过难关。

做消暑品

夏天来了，家家户户都喜欢采摘荷叶用来熬粥，或是喝一些桑叶菊花茶，这些都是消暑清凉的应时食物，有益身体健康。天热时，尽量别吃太多大油大荤的宴席，在家里炒一盘苦瓜或苋菜，伴着夏日的微风静静享用，也很好呀！

母亲节

母亲节，是表达对母亲感恩之情的国际性节日，通常是 5 月的第二个星期天。在中国古代，人们用萱草花来象征母亲。游子在出远门前，总会先在母亲居住的后院种上萱草花，萱草花欣欣向荣，寓示着游子在外平安健康，希望母亲不要担心。

漫画故事会

『孟母三迁的故事』

❶孟子小时候居住的地方离墓地很近，他就和邻居的小孩一起学祭拜的事，玩起了办理丧事的游戏。孟母知道后说：“这里不适合我的孩子居住。”

❷孟母便将家搬到了集市旁，孟子又学着模仿起集市商人做买卖和屠杀的样子。他的母亲又想：“这个地方也不适合孩子继续住下去了。”

❸他们又将家搬到学堂旁边，孟子开始变得懂礼貌、守秩序、喜欢读书。这时，孟母说：“这才是适合孩子居住的地方。”便在这儿定居下来。

❹孟子长大后，成为战国时期著名的思想家、教育家、儒家学派的代表人物，这些都离不开他母亲的悉心教导。

环保行动派

『国际生物多样性日』

生物多样性是生物和它们组成的系统的总体多样性和变异性，是大自然送给人类的宝贵财富。但是，随着人类对自然资源过度的开发与利用，丰富的生物多样性已经受到严重威胁。据统计，现在每个小时都有物种在不断消失。2000 年，联合国宣布把每年的 5 月 22 日确定为“国际生物多样性日”，呼吁全世界行动起来，共同保护生物多样性。

『珍稀动植物』

大熊猫

大熊猫已在地球上生存了至少 800 万年，被称为“活化石”和“中国国宝”，是世界生物多样性保护的旗舰物种。

扬子鳄

扬子鳄在地球上生活了近两亿年，故乡在中国的长江流域，至今还留存着早先恐龙类爬行动物的特征，被称为“活化石”。

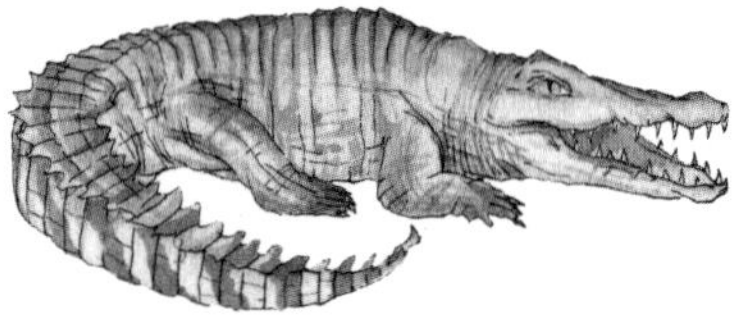

银杏

银杏出现在几亿年前，是第四纪冰川运动后遗留下来的，现存活在世的银杏稀少而分散，被誉为植物王国的“活化石”。

珙桐

珙桐在经历第四纪冰川运动后，只在中国南方的一些地区幸存下来，因花形酷似白鸽，被称为“中国的鸽子树”。

『白鳍豚的故事』

5 月 22 日是国际生物多样性日，我们不禁想起了白鳍豚。它们是世界上 12 种最濒危的动物之一，被称为“水中国宝”“长江女神”。白鳍豚是中国特有的淡水鲸，从前广泛分布在长江中下游的河湖里，但由于受到人类活动的影响，现在已经被宣布功能性灭绝。2002 年，最后一头人工饲养的白鳍豚“淇淇”去世，人类此后暂未发现白鳍豚的踪迹。

我们还能再次发现白鳍豚吗？我们多么盼望着呀！

『环保行动』

生物多样性是人类赖以生存和发展的基础。白鳍豚等物种的濒临灭绝让我们痛心，也让我们警醒。现在，我们能为保护生物多样性做些什么，不让这样的悲剧再次发生呢？

不乱丢垃圾，按照规定将生活垃圾进行分类处理

节约用水，节约用电，合理利用自然资源

拒绝食用野生动物、不购买野生动物制品

保护森林、湿地和草原，呵护动植物的生存环境

建立自然保护区，对濒危动植物实行就地保护

避免或减少使用杀虫剂、除草剂等有毒化学药品

减少使用一次性塑料袋、纸杯等用品

少开车或改开清洁能源车辆，多乘公共交通工具

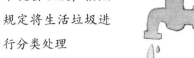

6月的节日

6月1日 国际儿童节

6月5日 世界环境日

6月6日 芒种（这日前后）

6月11日 中国人口日

6月17日 世界防治荒漠化与干旱日

6月20日 世界难民日

6月第三个星期日 父亲节

6月21日 夏至（这日前后）

6月23日 国际奥林匹克日

6月26日 国际禁毒日

6月

仲夏，是夏季最盛的时候。太阳炙烤着大地，万物都直起身子用力地生长。树木的枝叶变得更加浓密，虫儿躲在绿荫间吱呀呀地吟唱夏天的歌谣。不远处，浅绿色的麦浪在微风下轻轻摇曳，仿佛在和着歌儿起舞。农忙时节如期而至，人们一边等候收获的喜悦，一边计划着下一季的播种，好不热闹！

关于 6 月

6 月是北半球夏季的第二个月，公历年中的第六个月，属于小月，共有 30 天。6 月有芒种和夏至两个节气，此时我国长江中下游地区相继进入多雨的黄梅时节。这时候，气温显著升高，雨量充沛，日照充足，是万物长势最旺盛的时候，农业生产活动变得更加忙碌。火热的夏天真正到来了，天气变得炎热，暴雨频繁，既要注意防暑降温，又要注意防洪排涝。

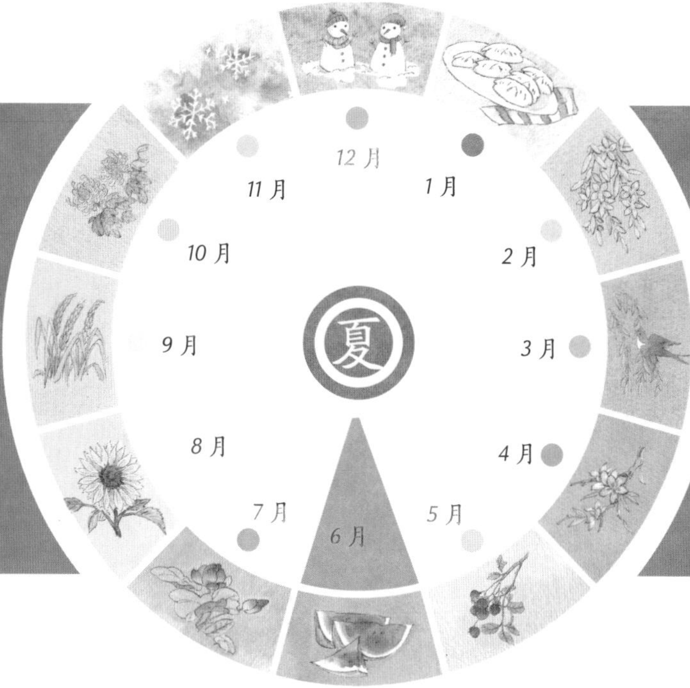

『地球公转与气候变化』

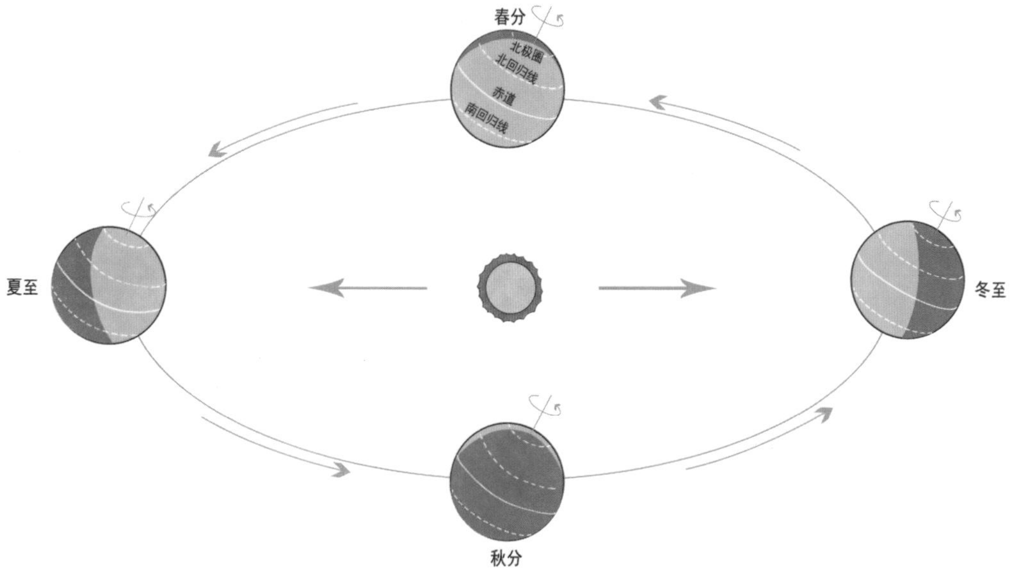

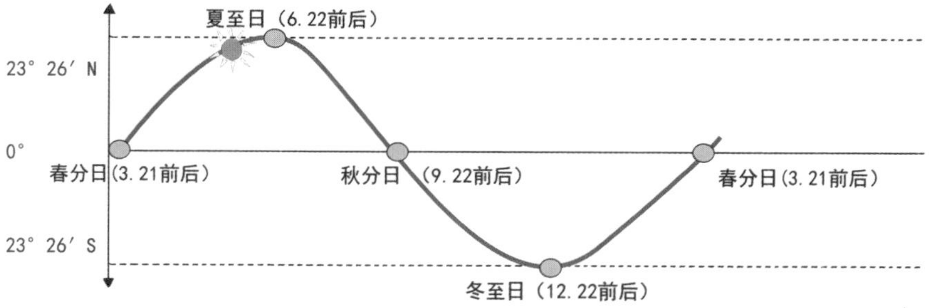

6 月又被叫作仲夏。芒种节气，太阳运行到黄经 75°，降雨量充沛，正适合田间作物栽培。到了夏至，太阳运行到黄经 90°，直射北回归线，这一天北半球的白昼时间达到全年最长，而南半球的白昼时间则是全年最短，极圈里还会对应出现极昼或极夜现象，夏至过后，太阳直射点逐渐南移。

『诗词赏析』

仲夏真迷人。

明亮的阳光像小精灵一样在树梢舞蹈，穿过浓密的绿荫洒向大地。蓝天中飘浮着欢乐的白云，有些牵手奔跑，有些独自玩耍。还有池塘里的鱼儿，正轻盈地摆动着身体，在一片碧绿间嬉闹。

仲夏到底有多美？请看宋代诗人杨万里的诗吧。

晓出净慈寺送林子方

毕竟西湖六月中，风光不与四时同。
接天莲叶无穷碧，映日荷花别样红。

西湖是一个爱美的姑娘，她在六月时换上了一身别具特色的时装。你看，无边无际的碧绿荷叶遮掩住湖水，给鱼儿和鸳鸯撑开一片阴凉的走廊。红艳艳的荷花映照着夕阳的霞光，多么鲜艳、多么漂亮。你好，西湖姑娘。多么迷人，这美丽的夏日时装。

这就是西湖，这就是盛夏六月，一个多么难忘的美好季节。

『谚语』

过了芒种不种稻，过了夏至不栽田

芒种前后是农事活动最忙的时节，不但要抢着收割成熟的作物，还要赶在夏至前把下一季的秧苗种下，期待后面能获得好收成。

冬至饺子夏至面

夏至后气温持续升高，人们更喜食清凉爽口的食品，煮熟后的面条配上炸好的酱，再拌上黄瓜丝等配菜，吃起来叫一个香。

芒种夏至天，走路要人牵

芒种夏至时，天气炎热，雨水增多，空气中弥漫的湿热之气会使人们感到头昏疲倦、动作懒散，应当补充营养，小心行走，以免发生危险。

植物笔记

『牵牛』

花园里的竹篱笆，冒出了许多小喇叭。红的热情似火，紫的神秘莫测，蓝的清新淡雅，正一起演奏着夏天的歌儿呢！这不是真正的小喇叭，是像喇叭一样的牵牛花。瞧呀，一朵朵、一串串，娇嫩又鲜艳，还散发着淡淡的清香。它们缠绕着竹竿往上爬，好像要一下子爬上天，像极了勇敢的攀登者。牵牛花期以夏季最盛。其种子具有药用价值。

别　　名：牵牛花、喇叭花
分　　类：旋花科。一年生缠绕草本
分布区域：主要分布在热带和亚热带地区
应用价值：可供观赏及药用

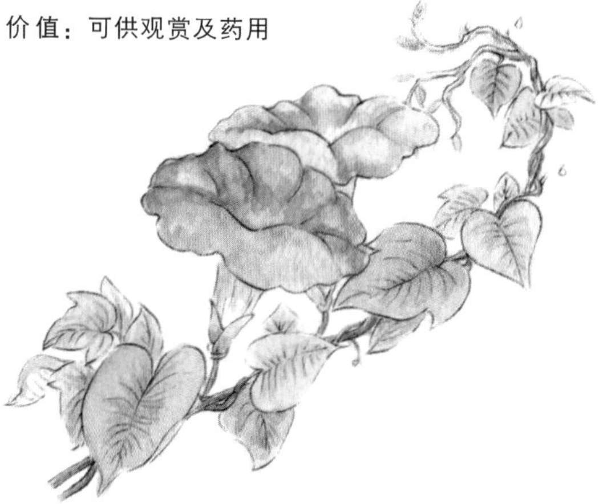

『番茄』

别　　名：西红柿、洋柿子
分　　类：茄科。一年生草本
植株高度：一般在 0.6 ~ 2 米
分布区域：各大洲均有种植（南极洲除外）

1. 发芽期

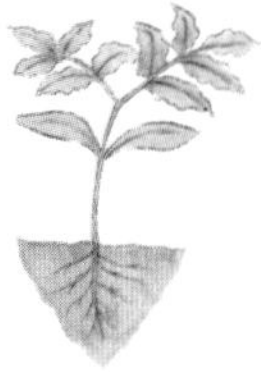

2. 幼苗期

3. 开花坐果期

4. 结果期

番茄又叫西红柿，是夏季的时令作物，既新鲜又美味，还有丰富的营养。番茄的叶了是毛茸茸的，贪婪地吮吸着空气中的水分。刚长出来的番茄是青色的，慢慢变成黄澄澄的，等到成熟了，就变得像圆滚滚的红灯笼一般，又像小孩红扑扑的脸蛋，可爱极了。在炎热的夏天，咬上一口新鲜的番茄，马上便把疲劳一扫而光。

动物笔记

『蝉』

知了知了……谁躲在树上一声声叫？知了知了……这个家伙真骄傲。抬头找一找，它却躲在密密的树叶间捉迷藏。

因为叫声很独特，所以蝉又被叫作知了。别看它整天“知了知了”叫个没完，有时这个声音反倒使人觉得更加幽静呢！古人说的“蝉噪林愈静，鸟鸣山更幽”，就是这个意思。

别　　名：知了
分　　类：昆虫纲，半翅目，蝉科
分布区域：主要分布在温带、亚热带和热带地区
繁 殖 期：一般在6-7月

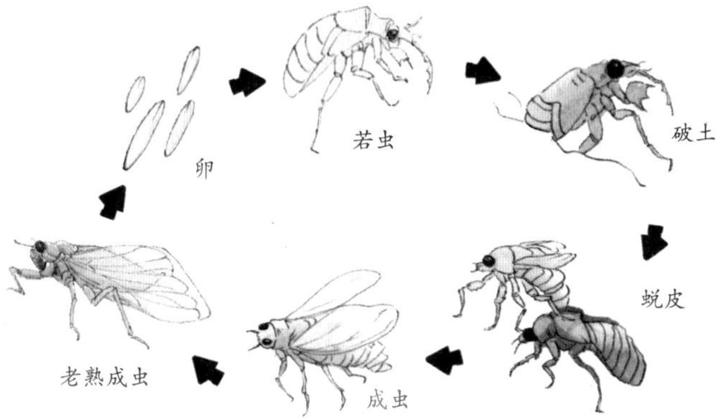

别　　名：刀螂
分　　类：昆虫纲，螳螂目
体　　长：一般在5～10厘米
分布区域：各大洲均有分布（南极洲除外）

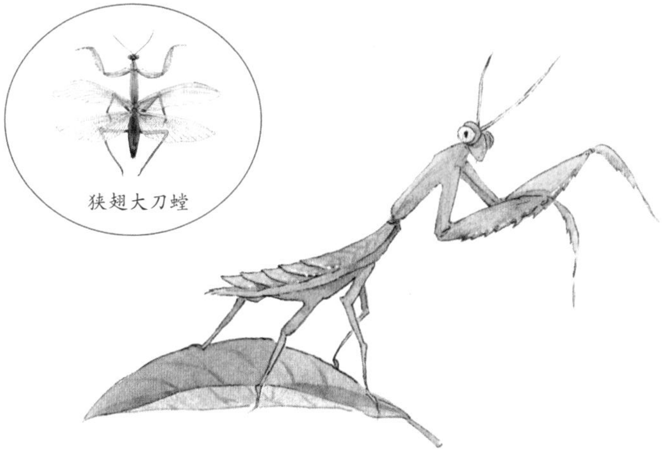

『螳螂』

细细的草叶上，站着一个威风凛凛的绿武士，它鼓着两只大眼睛，多神气呀。瞧，它脑袋小小的，身子长长的，身板却挺得那么直。两只前脚高高举起，像挥舞着两把带锯齿的镰刀。它还有翅膀呢，平时收起来看不见，从高处落下时就可以用来滑翔了。这就是昆虫世界里的螳螂先生。螳螂舞大刀，个儿小武艺高。昆虫王国的小霸王，捕捉害虫最在行。

天气·习俗·节日

梅雨

“天乌乌，欲落雨。”夏至前后，雨总下个不停，衣服似乎怎么也晒不干，还会出现黑色的小霉点。原来，来自太平洋的风从东南方向吹来，温暖湿润，使得长江中下游地区出现持续降雨，因为这时候恰是江南梅子成熟的季节，人们便将这种天气现象叫作“梅雨”。

过端午

端午节是中国的四大传统节日之一。传说爱国诗人屈原就是在这一天跳下汨罗江的。为了纪念他，人们便包粽子、划龙舟，在家门口挂上艾草和菖蒲，举行盛大的节日活动。人们还会在这一天里互赠香包、互道“安康”，彼此送上健康平顺的美好祝愿。

父亲节

父亲节是感恩父亲的节日，国际上习惯把 6 月的第三个星期日当作父亲节。父亲的爱总是如山一般威严，又似海一般宽阔，他是我们心中的超级英雄。许多国家把石斛兰作为“父亲节之花”，用来赞美父亲秉性刚强、祥和可亲的气度，表达对父亲的敬意。

漫画故事会

『父亲的背影』

❶ 大文豪朱自清年轻时，要从家乡去北京上学。出发的那天，父亲原本由于工作忙，委托了店里的伙计送他，但因为始终放心不下，还是决定亲自去送他。

❷ 到了车站，朱自清去窗口买票，父亲则忙着照看行李。因为行李太多，需要请人帮忙搬运，父亲便又忙着和他们讲价钱，一刻也闲不下来。

❸ 过了一会儿，父亲想到栅栏外的小贩那儿买些橘子给朱自清。走去小贩那里，需要穿过铁道。可父亲是一个胖子，这样跳下去又爬上来，该多费力呀！

❹ 朱自清远远地看着，父亲戴着黑布小帽，穿着大马褂和棉袍，蹒跚地走到铁道边，慢慢地探下身去。要穿过铁道时，他先用双手攀着上面，两脚再向上缩，肥胖的身子微微倾斜，看上去吃力极了。

❺ 回来过铁道时，父亲先将橘子放在地上，自己爬过来后再抱起橘子走。朱自清赶紧上前搀扶，父亲便将橘子一股脑儿地给他。父亲拍了拍身上的泥土，仿佛一下子就轻松了，向朱自清告别说："我走了，到那边来信！"

❻ 看着父亲的背影融入来来往往的人群，再也找不着了，朱自清心中既感动又酸楚。这蹒跚的背影，是父亲对他深沉的爱啊。目送父亲走后，他在车厢坐下，忍不住流下眼泪。

环保行动派

『全国低碳日』

在我们国家，每年的 6 月都会设立一周作为“全国节能宣传周”，这一周的第三天是全国低碳日。这是为了提高全社会节能意识和节能能力设定的，是为保护地球家园、为世界可持续发展做出的重要努力。“全国低碳日”旨在坚持“以人为本”的理念，加强适应气候变化和防灾减灾的宣传教育。在日常生活中，我们要做好物资的回收利用，能源的有效使用，以及对生态环境的保护等。

『温室效应』

寒冷的冬天，一件羽绒服可以帮助我们抵抗寒冷，而我们的地球现在也穿上了一件羽绒服，这件羽绒服就是温室气体。温室气体主要包括二氧化碳、甲烷、臭氧、一氧化二氮、氟利昂等，会吸收太阳的热能，又释放出来，使得地球表面的温度升高，因此产生温室效应。但是地球并不像我们那么怕冷，尤其是在夏天，地球原本就很热了，再强加 “羽绒服”，就会满头大汗、特别难受。

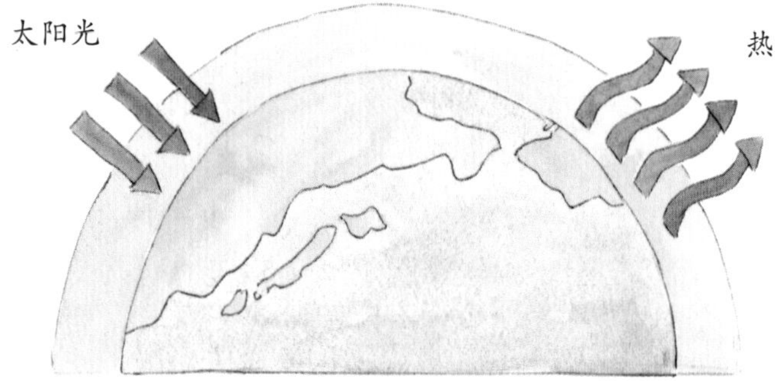

正常的地球

受温室效应影响的地球

『北极熊的故事』

温室效应使全球整体气温升高，导致北极冰川逐渐融化，让北极熊失去了生存的家园，也找不到足够的食物。因为失去了冰川，它们只能长期待在水里，有的不幸溺水死去，还有的被迫离开家园，迁到更远的北方。科学家们预测，北极的冰层或许在 2040 年甚至更早的时候就会彻底消失，到那时北极熊也许将会永远离开我们。

『节能减排，低碳生活』

什么是节能减排呢？简单来说就是节约能源，降低能源消耗，减少污染物的排放。其实，节能减排就在我们身边，让我们一起开启低碳生活吧！

无纸化办公，每天节省一张纸

人走灯灭，每天节约一度电

及时关上水龙头，每天节省一滴水

绿色出行，乘坐公共交通工具，减少尾气排放

减少燃放烟花爆竹，避免空气污染

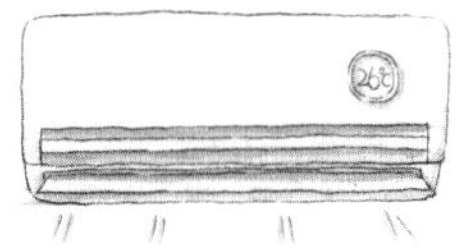

夏天空调温度不低于26℃，减少能源消耗

7月的节日

7月1日

中国共产党诞生纪念日

香港回归纪念日／世界建筑日

7月6日

小暑（这日前后）

7月7日

中国人民抗日战争纪念日

7月11日

世界人口日／中国航海日

7月23日

大暑（这日前后）

7月30日

非洲妇女日

7月

热呀，热呀！盛夏来了。孩子们乘着大木盆，划呀，划进了荷花丛里，荡呀，荡到了水中央。大大小小、高高低低的荷叶，搭起了一个奇妙的水上童话世界。红蜻蜓停在荷花上看风景，青蛙蹲在荷叶上呱呱唱不停。孩子们叫着笑着跳下水，摘一片荷叶做帽子，摘一个莲蓬剥莲子，好不热闹。微风拂过，一切都在荷花的香气里沉醉了。

关于 7 月

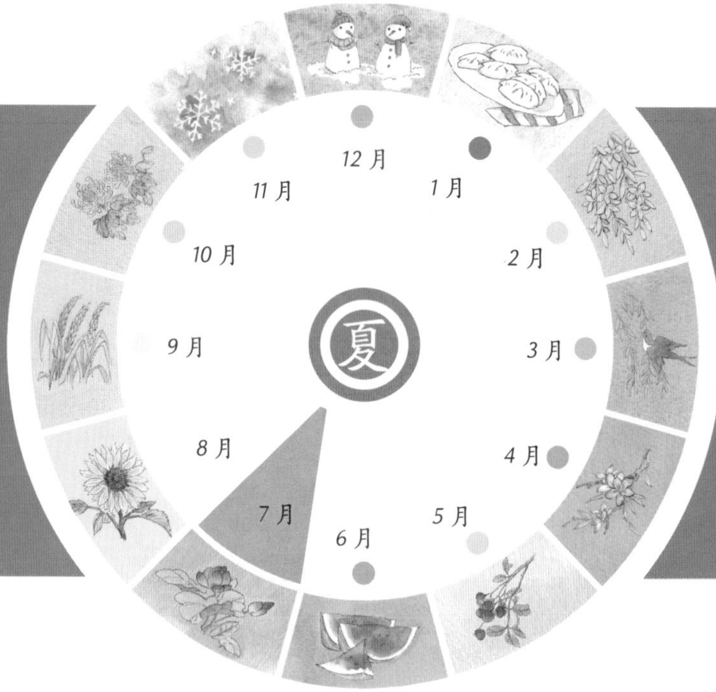

7 月是北半球夏季的最后一个月，公历年中的第七个月，属于大月，共有 31 天。7 月有小暑和大暑两个节气。这时候，江南地区的梅雨季节已经结束，日照强烈、高温酷热的天气开始出现，一年中最热的时期到来了。此时节雨热同期，喜热的作物生长最快，同时很多地方的旱、涝、风等自然灾害也最为频繁。特别是长江中下游地区，此时要注意防范伏旱。

『地球公转与气候变化』

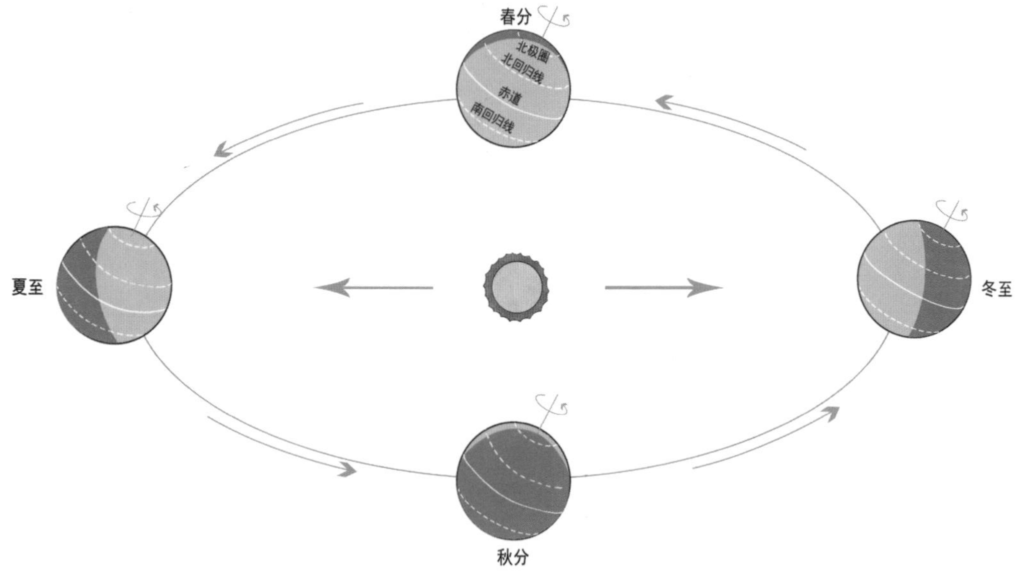

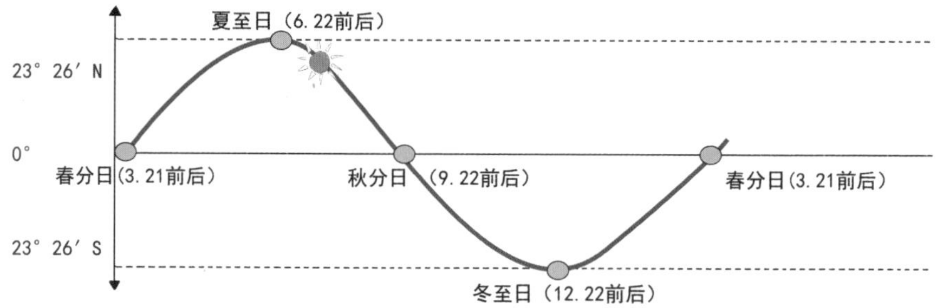

7 月是夏季最热的月份之一。小暑这一天，太阳运行到黄经 105°，正是“三夏”中季夏开始之时。到了大暑的时候，太阳运行到黄经 120°，正值“三伏”里的“中伏”，是一年中日照最多的时期。这时候，全国大部分地区干旱少雨，天气也逐渐开始向立秋过渡了。

『诗词赏析』

时间慢慢过去，不知不觉到了晚夏。掰着手指算，漫长的夏天已过去了一大半。可是夏天毕竟是夏天，依旧把酷热毫不吝啬地分给大自然怀抱里的每一个对象。浓密的小树林，树林里的花花草草，它们都还眷恋着夏日特有的温暖呢。

这时候的夏天是什么样子？

请看唐代诗人韦应物写的一首诗。

夏花明

夏条绿已密，朱萼缀明鲜。
炎炎日正午，灼灼火俱燃。
翻风适自乱，照水复成妍。
归视窗间字，荧煌满眼前。

碧绿的枝条儿密密的，红红的花儿多么鲜艳。夏天的中午真热啊，好像火焰在燃烧。一阵阵风吹来，花枝儿轻轻地颤呀颤，映照在水波上多好看。鲜艳的花朵让人着迷，就连外出归来时，看着窗上的字都仿佛一片闪烁。

这就是盛夏的美妙风光。

『谚语』

小暑吃黍，大暑吃谷

小暑大暑时节，天气闷热，人们有时会感到精神疲惫、食欲不振。这时，多吃五谷杂粮可以促进消化，有益身体健康。

小暑大暑，上蒸下煮

小暑到大暑这段时间，酷热难耐，空气中弥漫着闷热的气息，人体也出汗多、消耗大，仿佛在火上蒸煮一般。

大暑小暑，淹死老鼠

这段时期，雷雨增多，还可能出现洪涝灾害，雨水多到把生活在地底下的老鼠都淹死了。以此提醒我们要注意防汛防涝。

植物笔记

『荷』

盛夏的荷花真美呀！看，荷花绽放着甜美的笑脸，荷叶展示着碧绿的时装。晓风拂过，晶莹剔透的水珠在荷叶上欢快地奔跑，淡淡的花香随风飘扬。荷一身都是宝，除了藕节和莲子可以食用，其他部分还能入药呢。即使生长在淤泥中，荷花仍保持着她的纯洁和高雅，人们称赞她："出淤泥而不染，濯清涟而不妖。"

别　　名：莲、水芙蓉
分　　类：睡莲科。多年生水生草本
花　　期：一般在6-9月
分布区域：主要分布在温带和亚热带地区

分　　类：锦葵科。温带、亚热带为一年生草本或半灌木，热带为多年生灌木
花　　期：一般在6-8月
分布区域：各大洲均有分布（南极洲除外）
应用价值：多用于纺织工业和油脂工业

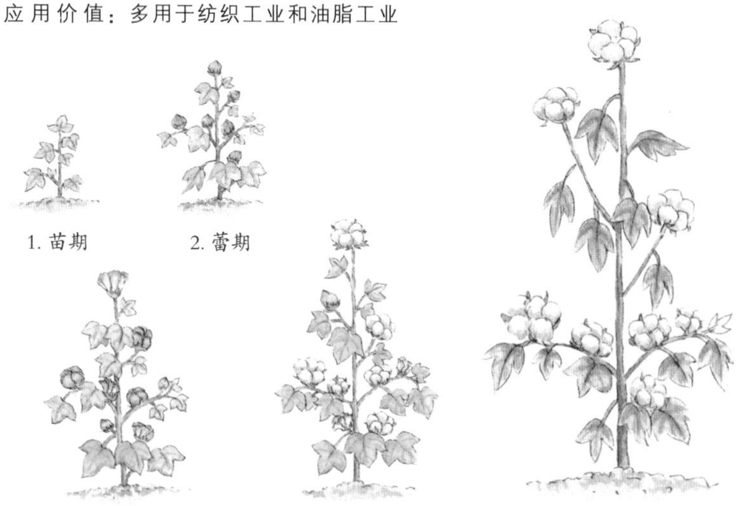

1. 苗期　2. 蕾期　3. 花期　4. 铃期　5. 吐絮期

『棉花』

7月，我国大部分地区的棉花开始开花结铃，到了生长最旺盛的时期。它们有的还在孕育花骨朵，有的已经迫不及待地露出白茸茸的花团，想看一看外面的世界。盛夏的高温让蚜虫和其他害虫们开心坏了，它们跑到棉花上放肆地吃起来。所以，这个时期一定要注意防治害虫，保护好棉花宝宝。

动物笔记

『七星瓢虫』

七星瓢虫专吃蚜虫、蚧虫等害虫，帮助人类保护树木和作物。遇到危险时，七星瓢虫会排出一种黄色的液体，那是它们的秘密武器，敌人一旦闻到这种液体，就会慌慌张张地逃跑。等到敌人落荒而逃了，七星瓢虫们就一动不动地装死，待到敌人放松警惕返回时，再一下子把敌人捉住。多么聪明的小卫士啊！

分　　类：昆虫纲，鞘翅目，瓢虫科
体　　长：一般在 5 ~ 7 毫米
繁 殖 期：大多在夏季
分布区域：主要分布在欧洲、北美洲和亚洲

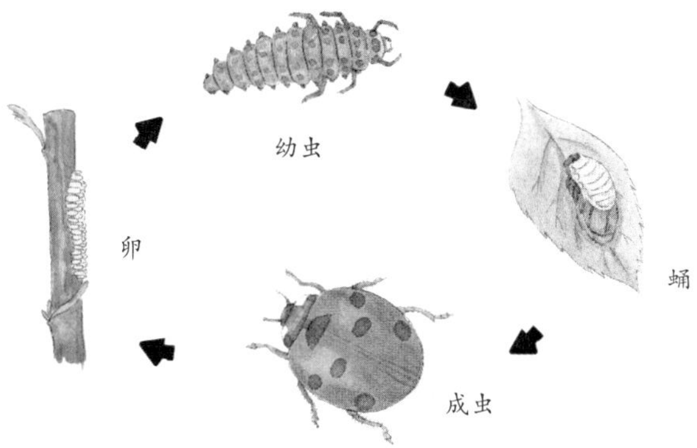

别　　名：点灯儿
分　　类：昆虫纲，蜻蜓目，差翅亚目
成长阶段：经历卵、若虫、成虫 3 个阶段
分布区域：主要分布在热带和亚热带的湿润地区

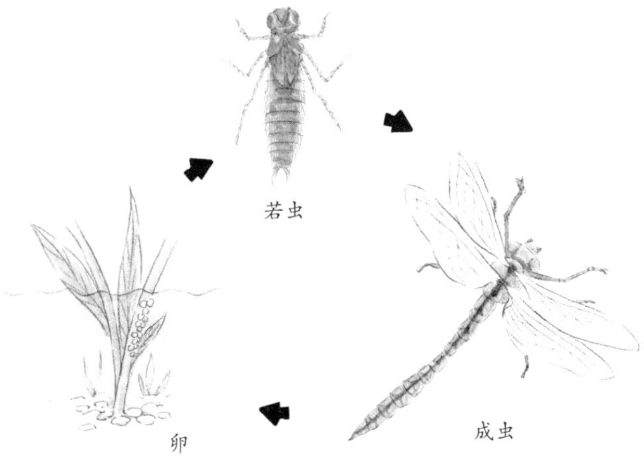

『蜻蜓』

蜻蜓幼虫在水中发育，长大了就在池塘和小河边缓缓飞行，扇动着两对薄薄的透明翅膀，像水面上的小飞机。小小的蜻蜓鼓着两只圆圆的大眼睛，仔细看，里面还有许多小眼睛，数也数不清，这些小眼睛将四面八方看得清清楚楚，什么动物也比不上！蜻蜓帮助人类捕捉苍蝇、蚊子、叶蝉和小型蝶蛾等多种农林牧业害虫，我们不能伤害它们。

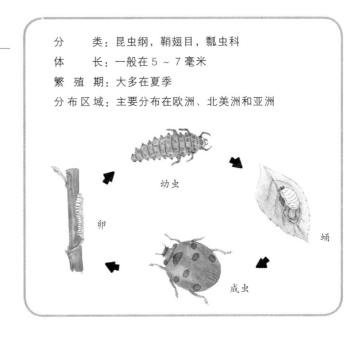

天气 · 习俗 · 节日

台风

热带低压
6~7 级风
树木摇摇晃晃

热带风暴
8~9 级风
树叶飞天

强热带风暴
10~11 级风
树木被吹断

台风
12~13 级风
屋顶砖掉了、电线杆倒了

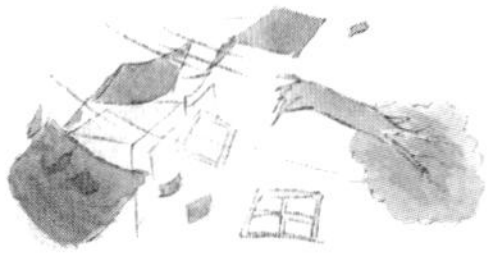

强台风
14~15 级风
具有灾难性

超强台风
16 级或以上风
具有严重灾难性

7 月是台风最为活跃的月份之一。每当一场来自热带海面的强烈风暴袭来，天空中立刻乌云滚滚，暴雨滂沱。狂风把大树连根拔起，凶猛的海浪把港口的船儿皮球似的抛上抛下。台风还可能导致海水倒灌，摧毁内陆的庄稼和设施。台风的威力真大呀！这个时期，我们一定要注意收听或查阅台风预警信息，做好应对措施。

过半年节

半年节是中国民间的岁时传统节日，在农历六月初一（有些地方是六月十五）。这时，麦子收割完毕，夏种也基本结束，农事稍闲，人们正享受着夏收的喜悦。北方地区的人们会用新打的麦子制作面点以尝新，南方地区则喜食糯米做成的“半年丸”，有着家和团圆的寓意。

中国人民抗日战争纪念日

为纪念国耻“七七事变”的发生而设立。1937 年 7 月 7 日，中国北平的卢沟桥发生中日军事冲突，日本就此全面进攻中国。这就是震惊中外的七七事变，又称卢沟桥事变。七七事变是日本帝国主义全面侵华战争的开始，也是中华民族进行全面抗战的起点。勿忘国耻，方能振兴中华。

漫画故事会

『抗日英雄王二小的故事』

❶抗日战争时期，王二小的家乡是八路军抗日根据地，经常遭到日本鬼子的“扫荡”。王二小是儿童团员，他常常一边在山坡上放牛，一边给八路军放哨。

❷1942年10月25日那天，日本鬼子又来村里“扫荡”，走到山口时迷了路。他们远远地看见王二小在山坡上放牛，就叫他来带路。

❸王二小佯装答应了，还装作听话的样子走在日军队伍的前面。为了保护转移的乡亲们，他一步步把敌人带进了八路军的埋伏圈。

❹突然，四面八方响起了枪声，敌人知道上了当，气急败坏之下竟用刺刀将王二小残忍地杀害了。为了保护人民群众的生命和财产安全，年仅13岁的小英雄王二小，就这样牺牲了。

环保行动派

『世界人口日』

每一天每一秒，都有许多人出生，也有许多人从我们身边离开。与人口相关的生殖健康、环境保护等问题与我们的生活息息相关。1987 年 7 月 11 日，世界人口达到 50 亿，为了纪念这个特殊的日子，1990 年联合国决定将每年的 7 月 11 日定为“世界人口日”，以唤起人们对人口问题的关注。世界人口的列车正以越来越快的速度向前奔驰，等待人类的会是什么呢？

『“地球村”里的居民』

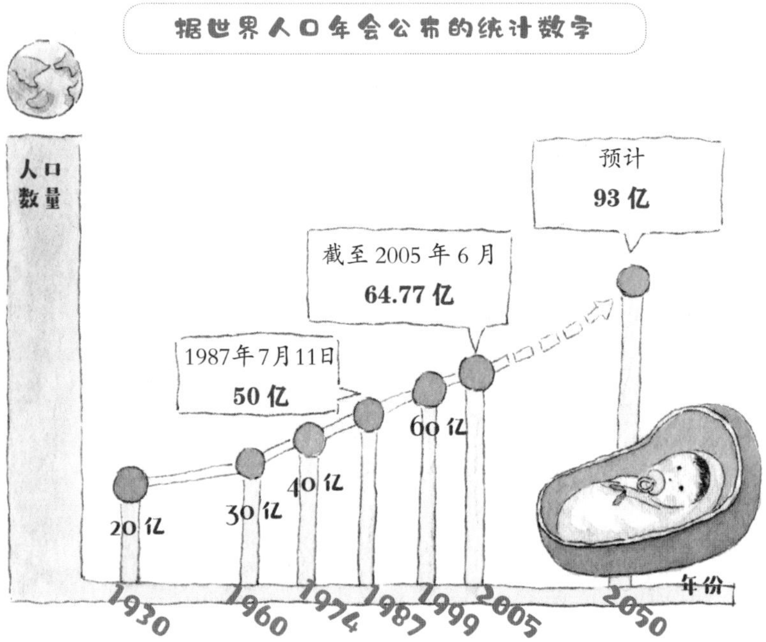

我们的地球上究竟生活着多少人呢？目前，在我们赖以生存的“地球村”里，共住着超过 70 亿居民。科学家说，到 21 世纪末，世界上的人口会超过 110 亿。可是，地球上的水、空气、耕地和其他各种各样的资源都是有限的，我们应该怎么做，才能确保环境的可持续能力，让我们的后代也能幸福快乐地生活在这个大家园里呢？

『人口老龄化』

在我们国家，大约每 10 个人中就有一个老爷爷或者老奶奶。据统计，全世界 65 岁以上的老爷爷老奶奶比 5 岁及以下的小朋友还要多。当老爷爷老奶奶越来越多而小朋友们越来越少，社会就会进入衰老期，许多问题也会相继发生。需要照顾的爷爷奶奶越来越多，但年轻人越来越少，谁去照顾爷爷奶奶呢？谁去搬重的东西呢？

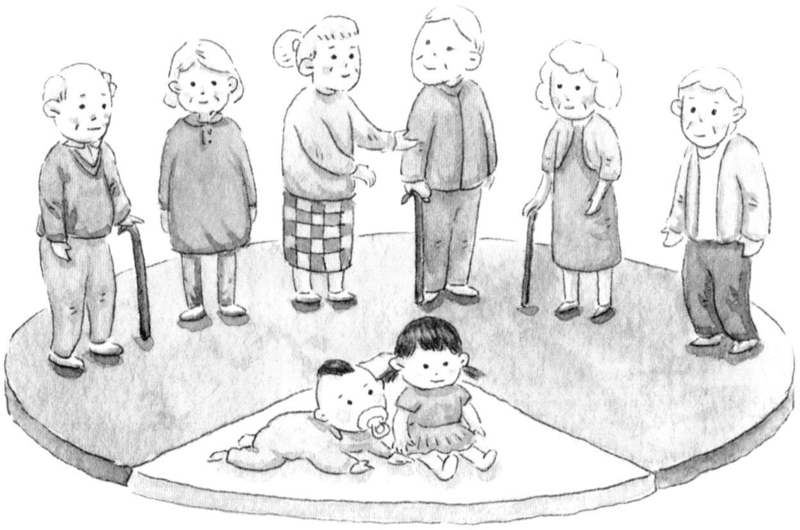

『我们能为老人做些什么』

1. 公共汽车上，主动为老人让座

2. 上学路上，主动搀扶老人过马路

3. 回到家后，主动帮助老人打扫卫生

4. 空闲时间，主动陪伴独居老人

植物检索

花生（5月）

番茄（6月）

荷（7月）

虞美人（5月）

牵牛（6月）

棉花（7月）

动物检索

蚕（5月）

蝉（6月）

蜻蜓（7月）

青蛙（5月）

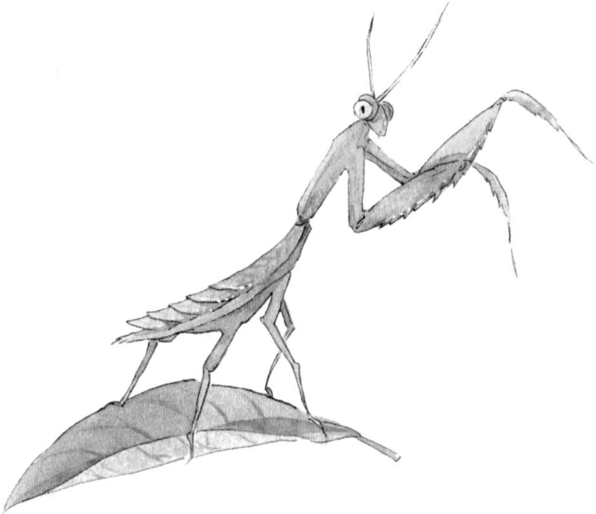

螳螂（6月）

七星瓢虫（7月）

垃圾分类连连看

垃圾飞上天了，快送它们回家！

有害垃圾　　可回收物　　湿垃圾　　干垃圾

晒一晒你所关注到的夏天